明式榉木家具

周峻巍 著

浙江人民美术出版社

明式榉木家具

朱关田题署

据陈嵘《分类学》，榉属学名为 *Zelkova*，产于江浙者为大叶榉树，别名榉榆或大叶榆，木材坚致，色纹并美，用途极广，颇为贵重，其老龄而木材带赤色者名为"血榉"云。榉木在明人文献中又称作"椐木"，江南人家在院落前多种榉树，取植材旺家之意。

序 — foreword

近几十年来，明式古典家具在收藏圈里已入室登堂，与其他的中国艺术收藏门类不相上下。然而，大部分的藏品图录或展览以标榜明式黄花梨、紫檀等硬木家具为主。事实上，硬木家具相对于中国传统古典家具，犹如一条细支流之于大海。

最近，人们对传统家具中的漆木、大漆、各地区本土木材制作的家具等品类的喜好和追求，也在悄悄地进行中。近年出版的马可乐的《可乐居选藏山西传统家具》、刘传生的《大漆家具》、凿枘工巧的《卧具》和《坐具》、张金华的《维扬明式家具》等家具图录，以及不少的家具展览，比如凿枘工巧多次的公开特展、可乐马古典家具博物馆、江南文人家具博物馆的常规陈展，这一切都有助于突破古典家具收藏的局限性。如今家具爱好者也开始探究北作、晋作、鲁作、苏北作、苏作、徽作、闽作、广作等传统家具的不同派别。时下年轻一代的藏家中，视审美先于材质者，也不乏其人。在这样的脉动下，周峻巍的《明式榉木家具》可谓一览江南早期榉木家具体系的第一本著作。

自古江南地区，包括苏南、皖南（古徽州）和浙江，富庶繁荣，向来是精致艺术和文化的所在地。新石器时代良渚文化玉器所展示的精湛工艺，无与伦比。几千年后的晚明时期，江南地区也开始生产精致典雅的硬木家具。而在此之前，本土良材榉木早已被人们用来制作家具直到近代。榉木即细木，又称"文木"，加工性和纹理兼得，因此在早期家具作品所体现的制作工艺和款式，与硬木家具相比也不遑多让，而且比硬木家具制作历史更长。现在，以榉木家具为主题的《明式榉木家具》正好为人们打开了古代江南家具工艺与审美的一扇窗。

　　本书作者周峻巍是一位严谨务实却不失满腔热忱的收藏家。他收藏并研究江南早期榉木家具十年有余。除了重视家具原始状态的保护，他对明式榉木家具的审美也抱持相当格调和独立见解。 在最近一次的会面中，周先生用了几乎一整天的时间和我分享他的家具审美观、对原始状态的家具和残件收藏的侧重、家具断代和地区风格特征等领域的理念和心得。值得一提的是，周先生所收藏的原始状态明式榉木家具实例中，尤以造型特殊或意趣高雅的残件部分，能为研究学者和爱好者提供一方重要的实物数据库，对正确了解或系统性研究江南早期榉木家具，俨然有胜于家具研究文献的实证价值。

　　《明式榉木家具》图文并茂，书中有不少独立而简明扼要的观点，所有的家具照片都是在自然光下拍摄，这也体现了作者周峻巍对于家具原始皮壳和状态的坚持。更重要的是，透过书中那些年份颇高、风化老辣的榉木家具，读者能够见证早期江南家具或者苏作家具在造型、线条以及精妙细节上的典型审美。

　　中国古典家具是一个大体系。笔者对周峻巍只身深入家具沧海以来，所做的努力和付出感到欣慰与敬佩。《明式榉木家具》的出版无疑在当代明式家具研究领域中又迈出了坚实的一步。

　　　　　　　　　　　柯惕思　2018 年早春于上海

前言 | *preface*

　　2005 年仲夏，经好友王皴介绍，我拜访了周纪文先生位于上海苏州河边的榉木家具博物馆。榉木家具简练的造型，优雅的纹理让我为之感动、着迷。回到杭州之后，我饶有兴趣地查阅了明式家具相关书籍，其中就有王世襄的《明式家具研究》和濮安国的《明清苏作家具》，这两本书收录了为数不多的榉木家具实例，两位作者更提及"榉木家具多作明式，造型及制作手法与黄花梨等硬木家具相同，故老匠师及明式家具的真正爱好者都颇予重视"、"最早、最优秀的明式家具中，有不少是选用榉木制造的"、"在明清两代的苏式家具中，生产时间长久、产品丰富多样的以榉木家具为最"……当时并没有专门介绍榉木家具的书籍，这让我这样跃跃欲试的门外汉有些不知所措。

　　幸运的是，我在开始家具收藏不久便通过雅昌木版结识了几位榉木家具的爱好者，我们常常聚会结社，探讨家具实例，交流心得，有时还会为了学术争得面红耳赤。这样的传统我们一直保持到现在，让我们每一个人都受益匪浅。

　　2012 年，我在家乡的海盐博物馆举办明式家具展览，其中便有 17 件榉木家具。展览之后我得以拜访认识更多行家，每一位行家都有独到眼光和看家本领，一般不轻易向他人提及，我已记不清有多少个日夜与行家对坐，向他们讨教古家具的心得体会，我的家具收藏能取得今天的一点成绩全靠一众行家的悉心指点。

去年十月，我在苏州洞庭东山一幢明代建筑中举办特展，陈列明式榉木家具十二件，邀约部分好友现场观摩，期间真切感受明代建筑的庄重典雅，榉木家具的简练质朴。这次展览是我们这群人对于明代江南的一次深情回望。

榉木家具恰如其分地表达着文人仕绅不经意的克制和随意的优雅，晚明以来一直是吴地本土良材制造细木家具之最佳代表。越走近它，你就越能够体会到它独有的美，一种久违了的"晚明"的美。

我期盼着本书粗浅的文字和图像能让更多人走近榉木家具，对于明式家具有新的、多方面的认识。也衷心祝愿明式家具这项古老而崇高的技艺能够永远传承下去。

目录

contents

上卷

002   细木家具（包含明式榉木家具）出现的时代背景与制作、使用情况

008   明式榉木家具的风格特征

190   明式榉木家具断代刍议

下卷

264   明式榉木家具的审美情趣

334   明式榉木家具赏析兼谈美学

494   明式榉木家具收藏的感悟

498   莹窗素影——明式榉木家具重回故园特展

575   附录一：特展中十二件榉木家具产地信息

576   附录二：特展中四件家具修复情况图示

578   后记

上卷

细木家具（包含明式榉木家具）出现的

时代背景与制作、使用情况

"明式榉木家具"一词，有广、狭两义。其广义不仅包括明代生产的榉木家具，也包括从清代开始一直到现在还在生产制作的具有明式风格的榉木家具。其狭义指的是明代嘉靖中后期至康熙晚期，以苏州、松江、常州为代表的江南[1]地区生产的榉木家具。无论从现存实物的数量来看，还是从艺术价值来看，说这一时期这一地区生产的明式榉木家具是明式家具的杰出代表是当之无愧的。本书的范围只限于后者，即狭义的明式榉木家具。当然，优秀的明式榉木家具实例也同样分布于长江以北的南通、扬州和山东等地区，这其中有一部分是古代在江南生产，利用水路之便运送过去的；也有一部分就是当时在当地制作的。

明人范濂（1540—？）在《云间据目抄》中提及"细木家伙"、"榉木不足贵"，其中的"细木家伙"即细木家具，包括以榉木、黄杨木为代表的本土细木和以黄花梨、紫檀、铁力木、鸂鶒木为代表的外来硬木制作的纹理优美、质地紧密、打磨细腻的家具。

江南自古繁华，细木家具（包含明式榉木家具）的产生，首先得益于这一地区长期富足的经济。至少从明中期开始，这一地区已成为全国最为富庶的财赋重地，大学士顾鼎臣（1473—1540）由于出生在苏州府的昆山县，对此有切身体验。

他一再强调"苏、松、常、镇、杭、嘉、湖"七府，供输甲天下，乃"东南财赋重地"，万历《大明一统志》记录了全国二百六十多个府（州）的税粮数字，其中"苏、松、常、杭、嘉、湖"六府是名列前茅的，这六府的税粮数字如下：

苏州府　2502900 石　　松江府　959000 石

常州府　764000 石　　嘉兴府　618000 石
湖州府　470000 石　　杭州府　234200 石

与全国税粮总额 26560220 石相比较，苏州府税粮占全国税粮的近十分之一，苏、松、常、杭、嘉、湖六府税粮占全国税粮的五分之一至四分之一之间，而苏、松二府的税粮分别名列全国第一、第二位。

粮食的增产，以及玉米、番薯的引进与推广，使粮食商品化部分有所增长，使经济作物与粮食作物有了初步分工的可能。就这一地区而言，那就是农家种桑、养蚕、缫丝、织绢，以植棉、纺织、织布这种原先的农家副业，逐渐取代了种植粮食作物的农家正业，出现了桑蚕压倒稻作、棉作压倒稻作的新趋势。

这种变化为这一地区市镇的蓬勃发展提供了极大的推动力，而市镇作为商品集散地的功能，反过来又促进了农业经济商品化程度的加深。这种变革在晚明进入了高潮，构成了江南市镇迅速发展的社会背景。数以百计的江南城镇星罗棋布般地分布在邻近县内，向四周辐射，在方圆几百里的范围，结成了一个联系密切的市场网络，形成了有着内在经济联系的具有共同特色的区域经济系统。以松江府为例，从正德《松江府志》记载可知，当时松江已有四十四个市镇，但就总数而言少于苏州府，松江府仅华亭、上海二县，苏州府却有吴、长洲、昆山、常熟、吴江、嘉定、太仓七县，松江府以二县之地而有四十四个市镇，在县均密度上超越了苏州。

"阛阓鳞次，烟火万家""百货并集，无异城市""百货贸易，如小邑然"是对当时市镇蓬勃发展的真实写照[2]。

同时，嘉靖四十一年"以银代役"改革使工匠获得了更多的人身和工作的自由，他们一方面可以把自己生产的家具在市场上出售，另一方面也可承揽雇主的加工定货。"隆庆开关"解除海禁，允许民间私人海外贸易，使得大量外来木材可以十分便利地运输到苏州，这也为细木家具的进一步流行和发展打下了重要基础。

伴随着商品经济的发展，市镇规模、数量的扩大，人口数量的激增，人们对于家具的需求大幅增加，大约在嘉靖中后期，一种有别于传统的髹漆家具，更加彰显木材质地纹理、造型简约明快、制作效率更高的家具形式——细木家具应运而生，并且在黄花梨等外来硬木大量输入之前，榉木作为本土良材，很有可能就是吴地早期细木家具的重要用材之一。细木家具的很多式样宋代已基本确立，明中期以来在造型上亦有进一步发展。但更为重要的是，由于细木家具用材多为质地紧密、坚硬的细木、硬木，明代的工匠发挥了极大的创造力，使这类家具在制作工艺上包括木工工具研发，家具材料加工、处理，髹漆工艺改良等诸多方面都取得了长足的进步，细木家具的内在结构，即榫卯结构更是发展到了登峰造极的地步。

关于当时细木家具在南方的制作、使用等情况，明人文献中有少量记载。

范濂在《云间据目抄》中云："细木家伙，如书桌禅椅之类，余少年曾不一见。民间止用银杏金漆方桌。自莫延韩与顾宋两公子，用细木数件，亦从吴门购之。隆、万以来，虽奴隶快甲之家，皆用细器……纨绮豪奢，又以棍木不足贵，凡床橱几桌，皆用花梨、瘿木、乌木、相思木与黄杨木，极其贵巧，动费万钱，亦俗之一靡也。"

明末严嵩（1480—1567）、严世蕃父子的抄家账《天水冰山录》记载："螺钿雕漆彩漆大八步等床五十二张，每张估价银一十五两；雕嵌大理石床八张，每张估价银八两；彩漆雕漆八步中床一百四十五张，每张估价银四两三钱；棍木刻诗画中床一张，估价银五两……素漆花黎木等凉床四十张，每张估价银一两……以上各样床计六百四十张，通共估价银二千一百二十七两八钱五分。"

从以上两段明人文献可以大致得出以下结论：

①范濂生于嘉靖十九年（1540），他的少年时期应是嘉靖二十九年至三十九年左右，即1550—1560年。那时书桌、禅椅等细木家具松江还很少见，民间用到银杏金漆方桌就算很讲究了。

②松江从莫延韩（约1537—1587，即明代书画家莫是龙）、顾宋二人开始从苏州购买了几件细木家具，说明当时细木家具苏州地区比松江地区更早出现，并且是由文人群体率先倡导使用的。

③榉木属于细木，是制作家具上乘材料，在吴地可谓血统纯正。到了隆庆万历的时候，社会风气趋向奢靡，达官显贵攀比之风日盛，对于更加奇巧的花梨、瘿木、乌木、相思木、黄杨木之类稀有木材趋之若鹜。榉木作为本地树种，供应充

裕，价格实惠，富贵豪奢的人们不把它当回事儿。

①嘉靖末年严嵩被抄家，抄出六百四十件床具，床具是古时候最重要的家具种类之一，其数量和质量能够部分反映一个家族的家产规模和富裕程度。其中便有细木家具，包括椐木刻诗画中床一张，素漆花梨木等凉床四十张等。更多的床具为髹漆家具，这说明在嘉靖晚期，细木家具已经出现，并与髹漆家具共存，受到贵族阶层的追捧。

王士性（1547—1598）《广志绎》记载："姑苏人聪慧好古……又善操海内上下进退之权，苏人以为雅者，则四方随而雅之，俗者，则随而俗之。其赏识品第本精，故物莫能为。又如斋头清玩、几案、床榻，近皆以紫檀、花梨为尚，尚古朴不尚雕镂，即物有雕镂，亦皆商、周、秦、汉之式，海内僻远皆效尤之，此亦嘉、隆、万三朝为盛。"

章潢（1527—1608）《图书编》卷三六《三吴风俗》云："且夫吴者，四方之所观赴也。吴有服而华，四方慕而服之，非是则以为弗文也；吴有器而美，四方慕而御之，非是则以为弗珍也。服之用弥博而吴益工于服，器之用弥广而吴益精于器。是天下之俗皆以吴侈，而天下之财皆以吴富也。"

于慎行（1545—1607）《谷山笔麈》云："宣和艮岳苑囿，皆仿江南白屋，不施文采，又为多村居野店，宛若山林，识者以为不详。吾观近日都城，亦有此弊，衣服器用，不尚髹漆，多仿吴下之风，以雅素相高。"

从以上三段明人文献可以看出，在晚明，苏州的服饰器用引领了全国的风尚，从而进一步促进了苏州的服饰器用做得更加精美。细木家具也同样率先在苏州流行，用料考究，式样古朴，不事雕琢的苏式家具很快影响到周边，并风行全国。

彭年（1505—1566）致钱榖（1508—1572）札中提及："承指引，汪匠本身不屑小就，付以二徒，颇粗糙。敞几三只，虽仅成规模，而刀头手段舆香山略高，匠人一样也。"

明《萝窗小牍》记云："嘉兴巧匠严望云，善攻木，有般尔之能，项墨林赏重之，其为'天籁阁'所制诸器，如香几、小盆等，至今流传，什袭，作为古玩观。"

明冯梦祯（1548—1605），秀水（今嘉兴）人，藏书家，其《快雪堂日记》记载："是日解唐卿所市花楠，无囷花纹，非良材而良市之，姑以作几。"

从以上三段明人文献我们可以了解到嘉、万之际，贵族、文人延请工匠来家中制作家具是较为普遍的事，他们对于家具工艺细节已颇讲究，并能辨认木材的纹理优劣；同时当时的能工巧匠很吃香，东山工匠在嘉靖年间已成为行业标杆，为世人所重。

明高濂《遵生八笺》，刊于1591年（万历十九年），中提及：

禅椅

"禅椅较之长椅，高大过半，惟水摩者为佳，斑竹亦可。其制惟背上枕首横木阔厚，始有受用。"

香几

"书室中香几之制有二：高者二尺八寸，几面或大理石面，岐阳玛瑙等石，或以豆柏楠镶心，或四八角，或方，或梅花，或葵花，或慈菰、或圆为式、或漆或水磨。"

明黄成《髹饰录·单素第十六》中记载："黄明单漆，即黄底单漆也。透明鲜黄，光滑为良。"天启五年嘉兴西塘漆工杨明加注称："有一髹而成者，数泽而成者……又有揩光者，其面润滑，木理灿然，宜花堂之屏、桌也。"

万历、天启年间细木家具的制作工艺细节不断进步，出现了"水磨工"和"揩漆工艺"。"或漆或水磨"中的"水磨"香几指的应该就是那类揩漆前不着色，仍保持家具用材自然色泽、纹理俗称"清水货"的家具。杨明提到的"揩光"即揩漆工艺，具体操作步骤为首先对家具进行打磨，以体现木材的天然纹理，然后用天然漆（生漆）髹涂于家具表面，待漆似干未干时，用布纱揩掉表面漆膜。如此反复多次，直至表面呈现光亮。

初刊于 1637 年（崇祯十年）的《天工开物·锤锻·刨》记载："凡刨，磨砺嵌钢寸铁，露刃秒忽，斜出木口之面，所以平木。古名曰'准'。巨者卧准露刃，持木抽削，名曰推刨，圆桶家使之。寻常用者横木为两翅，手执前推。梓人为细功者，有起线刨，刃阔二分许。又刮木使极光者名蜈蚣刨，一木之上，衔十余小刀，如蜈蚣之足。"

明代中后期镶钢冶炼技术的出现，带动了木工工具，特别是小木作木工工具的发展，为细木、硬木家具的进一步发展创造了条件，同时，当时细木家具的流行和发展反过来进一步推动了木工工具的研制和改进。

概括地说，细木家具大概于明代嘉靖中后期在苏州首先流行起来，由文人群体率先倡导使用，逐步影响到周边，乃至全国。榉木家具与黄花梨、紫檀、鸂鶒木、铁力木等外来硬木制作的家具同属细木家具，而出现的时间又早于外来硬木制作的家具。细木家具的制作工艺在外来硬木大量进口之前就已经形成了，也就是说榉木、黄杨木等本土细木材的制作工艺在明代中晚期被运用到了外来硬木的家具制作中，并得到发展，它们的制作工艺是一脉相承的。这就解释了为什么许多明式榉木家具从品种到形式，线脚到雕饰，乃至漆里、藤屉、铜饰件等附属材料与目前存世的大量黄花梨家具别无二致 [3]。细木家具式样创立于两宋，成熟于明中晚期，而家具的内在结构及榫卯结构，在晚明发展到了历史上的最高水平。

注释：

[1] 江南，是指地理区域，即今上海、浙江北部、江苏南部、安徽东南部、江西东北部等长江中下游以南部分地区。根据笔者十多年的近距离观察，这一地区的确涵盖了明式榉木家具集中分布的城市：嘉定、松江、杭州、宁波、绍兴、嘉兴、湖州、苏州、无锡、常州、镇江、歙县、黟县、婺源、绩溪、祁门、休宁。

[2] 樊树志 . 《晚明史》[M]. 上海：复旦大学出版社 ,2003.

[3] 徐汝聪，榉木与榉木家具 [J]. 《收藏家》,1996(3):32—33

明式榉木家具的
风格特征

壹 气息古朴

　　说到气息，人们往往感觉它很抽象，我对气息的理解是一件器物本身传递给我们的视觉冲击和心理感受。今天流传下来的明式榉木家具经历了三四百年的时间，造型无不经典大方，虽然难免有些残损，比如腿足糟朽、构件缺失；木质风化使家具表面呈现老辣的皴痕；木材的自然收缩和榫卯结构的松动使整件家具看上去特别的放松、安静。但这丝毫不影响这一件件明式榉木家具用它们各自严谨科学的结构和充满张力的线条传递给人们一种久违的、古拙质朴的感受。需要指出的是，只有原始状态（即包括家具的完整度、皮壳在内都没有被人们改动过）的家具才能传递这样的气息，被修复过的家具，气息也会被干扰，总感觉很不自然。

贰 用材考究

明式榉木家具用材多为树龄颇长的红榉、黄榉，质地紧密，纹理优美，其中更为老辣的，若把材料剖开，木材截面会出现赤色印记，似鲜血渗出，俗称"血榉"。老匠师都知道榉木木性大，易走形，因此古人在榉木材料上的处理颇费工夫。在吴地比较流行的是一种被称作"杀河"的工艺，人们会在打制家具前提前很久把榉树砍伐下来，将其整根沉入河流湖泊中，浸泡数年甚至数十年之久，以使木料自然脱浆，然后再阴干数年，经过这类严谨工艺处理过的榉木制作的家具很少会走形。需要指出的是，经过长时间对于不同时期榉木家具木料的观察和比对，我认为早期榉木呈现的物理特性，除了选用树龄长的优质榉树，更直接的原因就是"杀河"工艺使木材发生了质变，水分收干，质地愈加紧密，颜色趋于褐红。这一过程就好比是南方民间常见的腌制咸肉的过程，我也习惯了用"火腿"来比喻明式榉木家具材料的质感和色韵。

叁

造型典雅

早期榉木翘头案多用梗面独板，俗称"一块玉"。榉木多大料，天然适合用来制作翘头案这类堂宇中的陈设用器，其稳重的质感和优雅的纹理，使制作出来的家具显得庄严、静穆。

榉木常被人用来打制大型家具，比如架几案，拔步床，高度两米以上的圆角柜、方角柜、顶箱柜，这些理性风格的家具与建筑一样代表一户人家尊贵雄伟的气势。在南方，榉木由于其良好的性价比，是打制这类家具的首选材料。

以衣架、盆架、架子床这类内室家具为例，常见的硬木家具造型较为繁复，雕刻的装饰意趣较浓。而在目前传世的明式榉木家具中，不乏有造型简约、极少雕刻装饰的实例，如用方材攒接万字纹围子的架子床；使用横材和直棂装饰的素衣架和仅在正面拍子上装饰灵芝纹或四簇云纹的素盆架等等。

为了充分显示木材的纹理之美，明式榉木家具向来不滥加装饰，即使偶施雕饰，也是以小面积的精致浮雕或镂雕点缀在最适当的部位，与大面积的素地形成了强烈的对比。由于以"惜墨如金"的态度对待装饰的分量，家具整体更显明快，简洁。常见的装饰纹样来自三代铜器、汉代玉器和建筑装饰。如夔龙纹、螭龙纹、凤纹、云纹、锦纹，以及自然界取用不尽的花草、鸟兽等，格调高雅，与清中以后过于繁复、略显民俗的图案大异其趣[1]。（参见图例：雕饰凝练—甲1～甲3）

　　明代工匠十分注重家具整体和局部构件的牢固，不会为了装饰而损害或削弱构件的强度，这与清中晚期家具在构件设计上的"华而不实"形成鲜明的对比。一部分明式榉木家具的构件呈现壮硕之美，线条也更加流畅，正是工匠恰到好处地在构件用料上加粗加厚，使这类榉木家具一扫某些硬木家具羸弱纤巧的造型，显得尤为浑厚、拙朴。（参见图例：壮硕—甲 4 ~ 甲 11）

　　明式榉木家具当时使用范围广，绝对数量多，工匠在制作家具时往往得心应手，发挥创造力，因此我们会碰到不少充满想象力、设计感的家具实例。这些明式榉木家具的实例充分体现了当时榉木家具在设计上的多样性和丰富性，这在造型设计上对同时期的硬木家具是很有益的补充。（参见图例：设计多元—甲 12 ~ 甲 17）

　　明式榉木家具中还有一类被称作案上几的小型家具，古代文人多用来陈设香具、清供。这类小几造型丰富，格调高雅，在设计上给人耳目一新的感觉。（参见图例：案上几—甲 18 ~ 甲 21）

注释：

[1] 徐振鹏，明代家具 [J]. 《装饰》，1959(5)：7

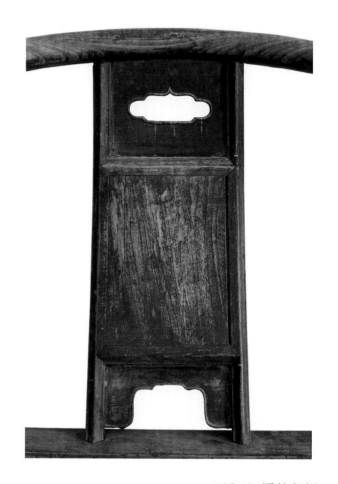

（甲1）南官帽椅朝板　　　　　　　　　　　　　　　　（甲2）圈椅朝板

（甲3）榉木翘头案透雕螭龙纹挡板

（甲 4）榉木大酒桌的水波形横枨

（甲 5）榉木酒桌的顶牙罗锅枨

（甲6）榉木书案的腿足

（甲7）榉木书案的横枨

（甲 8）榉木小方桌的霸王枨

（甲9）榉木小方桌的大边

（甲 10—1）榉木大床之抱球足正面

（甲10—2）榉木大床之抱球足侧面

（甲 11—1）榉木大床之抱球足正面

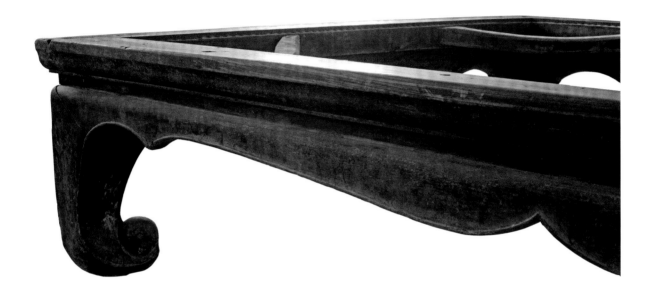

（甲11—2）榉木大床之抱球足侧面

（甲 12）榉木香案面板：梗面制

（甲 13）榉木平头案面板：榉木窄边敲框，面芯板为银杏木独板

（甲14—1）榉木翘头案面板：榉木梗面制，一指翘头

（甲14—2）榉木翘头案面板：榉木梗面制，一指翘头

（甲 15—1）榉木大画案面板：楠木影全覆面制

（甲 15—2）榉木大画案面板底面：楠木影全覆面制

（甲 16—1）正面

造型典雅—设计多元

（甲16—2）底面

（甲16—1、2）榉木小书案加设抽屉的设计

（甲17—1）横枨局部

（甲 17—1、2）榉木小书案横枨间加设层板的设计

（甲 17—2）横枨局部

（甲 18—1）正面

长　41.5 厘米

宽　18.5 厘米

高　14.5 厘米

造型典雅—案上几

（甲 18—2）侧面

（甲 18—1、2）素刀牙案上几

（甲 19—1）正面

长　39.5 厘米

宽　18.5 厘米

高　16.5 厘米

造型典雅—案上几

（甲19—2）侧面

（甲19—1、2）如意云头案上几（翘头遗失）

（甲 20—1）正面

直径　39.5 厘米

高　　4.5 厘米

造型典雅—案上几

（甲 20—1、2）六瓣葵口案上几（六足遗失）

（甲 20—2）侧面

（甲 21—1）正面

长　　33厘米

宽　　16.5厘米

高　　5厘米

造型典雅—案上几

（甲21—2）侧面

（甲21—1、2）壶门牙板长方几

肆 工艺精湛

明式榉木家具工艺精湛，在制造的合理性和设计的艺术性上，都曾达到历史上的最高水平。接下来会从榫卯工艺、线脚工艺和细节工艺三部分来论述。

（一）榫卯工艺精良

明式榉木家具榫卯工艺精良，很多家具实例流传到现在，榫卯结构没有丝毫松动，即是明式榉木家具榫卯结构精良最有力的证据，现结合家具实例介绍揣揣榫结构，霸王枨结构的几种形式以及一件榉木小平头案和一件榉木大画案的特殊榫卯结构。（参见图例：乙1～乙15）

（乙1—1）正面

（乙 1—2）反面

（乙 1—1、2）揣揣榫结构之一

（乙2—1）正面

（乙2—2）反面

（乙2—1、2）揣揣榫结构之二

（乙 3—1）正面

（乙3—2）反面

（乙3—1、2）揣揣榫结构之三

（乙4—1）正面

（乙4—2）反面

（乙4—1、2）揣揣榫结构之四

（乙5—1）正面

（乙5—2）反面

（乙5—1、2）揣揣榫结构之五

（乙 6—1）正面

（乙6—2）反面

（乙6—1、2）揣揣榫结构之六

（乙 7—1）正面

（乙7—2）反面

（乙7—1、2）揣揣榫结构之七

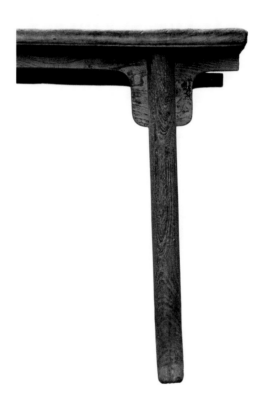

（乙8）

（乙9）

（乙8、9）揣揣榫结构之八（牙条、牙头一木连作）

榫卯工艺精良

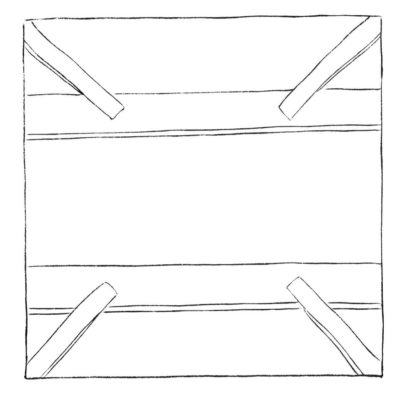

（乙 10）霸王枨结构之一

榫卯工艺精良

（乙11）霸王枨结构之二

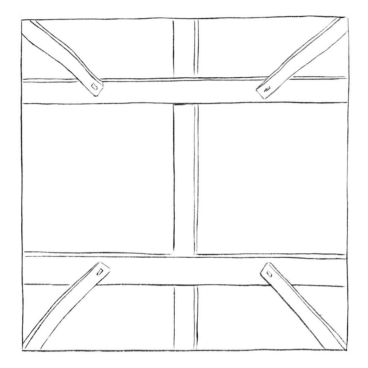

榫卯工艺精良

（乙 12）霸王枨结构之三

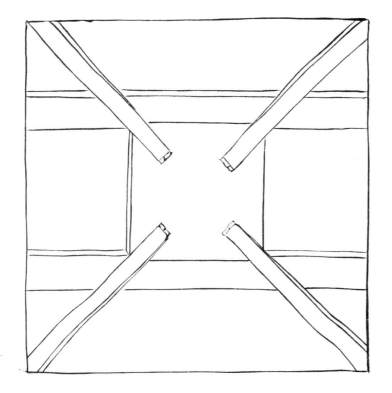

榫卯工艺精良

（乙13）霸王枨结构之四

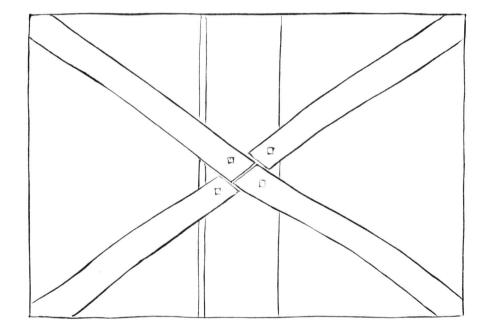

榫卯工艺精良

（乙 14—1 ~ 5）榉木小平头案的榫卯结构

（乙 14—1）榉木小平头案整体图

（乙 14—1 ~ 5）榉木小平头案的榫卯结构

（乙 14—2）横枨下加设勾挂垫榫

（乙 14—3）揣揣榫结构

（乙14—4）堵头入槽，与牙板榫卯相接

榫卯工艺精良

（乙14—5）牙板入槽

（乙 15—1）

榫卯工艺精良

（乙 15—1～6）榉木大画案楠木面板全覆面榫卯结构

（乙 15—2）

（乙 15—1～6）榉木大画案楠木面板全覆面榫卯结构

（乙 15—3）

榫卯工艺精良

（乙 15—4）

（乙 15—5）

榫卯工艺精良

（乙 15—6）

（二）线脚工艺圆熟

明式榉木家具，明至清前期工匠花大量功夫在家具的线脚工艺上，线脚工艺主要施用在家具的边抹、枨子、腿足、牙头等部位。同一种造型的家具，施用不一样的线脚，效果迥异。

线脚工艺看似简单，实则神奇，其形不外乎平面、凸面、凹面、曲面，其线不外乎阳线和阴线。但针对实物细心观察就会发现线脚变化无穷，线和面的深浅宽窄、舒急紧缓、平扁高低，稍有变化便使家具形态各异。正因有了这些圆熟的线脚工艺，使得家具的每一个构件自然地连通呼应、浑然一体。明式榉木家具外在表现形式或含蓄或雄强，或简约或秾华，但无不充满张力，符合法度，与清中晚期榉木家具略显单薄的表弧面处理和软弱无力的线条气韵迥异。（参见图例：丙1～丙59）

（丙1）榉木小香案边抹

线脚工艺圆熟—边抹

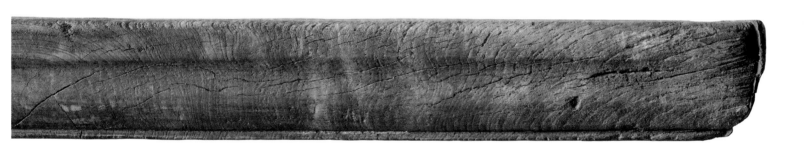

（丙2）榉木翘头案边抹（翘头遗失）

（丙 3）榉木书案边抹

（丙4）榉木大酒桌边抹

（丙5）榉木大酒桌边抹

（丙 6）榉木大酒桌边抹

（丙 7）榉木春橙边抹

（丙8）榉木方杆打洼大小头橱边抹

（丙9）榉木香几边抹

线脚工艺圆熟—边抹

（丙10）榉木梗面香案边抹

（丙 11）榉木书案边抹

线脚工艺圆熟—边抹

（丙 12）榉木小酒桌边抹

（丙 13）榉木小书案边抹

（丙14）榉木条桌边抹

（丙 15）榉木榻边抹

线脚工艺圆熟—边抹

（丙 16）榉木平头案边抹

（丙 17）榉木香案牙头

（丙18）榉木大酒桌牙头

（丙 19）榉木书案牙头

（丙20）榉木小酒桌牙头

（丙 21）榉木小书案牙头

（丙22）榉木小酒桌牙头

（丙 23）榉木大酒桌牙头

线脚工艺圆熟—牙头

（丙24）榉木书案横枨

线脚工艺圆熟—横枨

（丙25）榉木大酒桌横枨

（丙 26）榉木平头案横枨

（丙27）榉木春櫈横枨

（丙 28）榉木春凳横枨

（丙29）榉木书案横枨

（丙30）榉木小书案横枨

（丙31）榉木刀牙长方凳横枨

（丙 32）榉木书案腿足

（丙 33）榉木大酒桌腿足

（丙 34）榉木香案腿足

（丙 35）榉木酒桌腿足

（丙 36）榉木香案腿足

（丙37）榉木书案腿足

线脚工艺圆熟—腿足

（丙 38）榉木榻腿足

线脚工艺圆熟—腿足

（丙 39）榉木圈椅扶手

线脚工艺圆熟—帐子

（丙 41）榉木长方凳霸王帐

（丙42—1）榉木逍遥椅扶手俯视

（丙 42—2）榉木逍遥椅扶手侧视

（丙 43）榉木大酒桌水波形横枨

线脚工艺圆熟—枨子

（丙 44）榉木小方桌霸王枨

（丙45）榉木酒桌顶牙罗锅枨

（丙46）榉木衣架侧枨

（丙 47）榉木霸王枨方桌牙板与腿足交圈之阳线

（丙 48—1）

线脚工艺圆熟—线条

（丙 48—1、2）榉木供桌牙板与腿足交圈之阳线

（丙 48—2）

（丙 48—1、2）榉木供桌牙板与腿足交圈之阳线

（丙 49—1）

线脚工艺圆熟—线条

（丙 49—2）榉木霸王枨长方凳牙板与腿足交圈之阳线

（丙 49—2）局部

（丙 49—1、2）榉木霸王枨长方凳牙板与腿足交圈之阳线

（丙50）榉木二人凳牙板与牙头交圈之阳

（丙 51）榉木小酒桌牙板与牙头交圈之阳平线

（丙52）榉木小翘头案牙头和腿足之阳线

（丙53）榉木榻牙板与腿足交圈之皮条线洼线

（丙54）榉木小方桌牙板与腿足交圈之皮条线

（丙 55）榉木书案腿足之洼角线

（丙56）榉木大酒桌腿足之倭角线

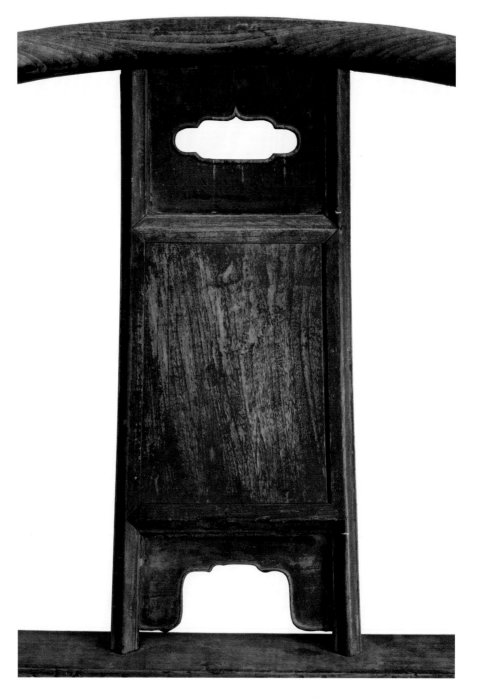

（丙57—1）朝板的如意云头开窗与亮脚

线脚工艺圆熟—线条

（丙57—1、2）榉木圈椅之灯草线

（丙57—2）壶门牙板

（丙57—1、2）榉木圈椅之灯草线

（丙 58）榉木香几牙板与腿足交圈之碗口线

（丙 59）榉木条桌牙板与腿足交圈之碗口线

（三）细节工艺严谨

明式榉木家具细节工艺严谨，这是一件家具牢固适用的基础，明代工匠在这方面下足了功夫。

明式榉木家具固定面板的**穿带**通常用材粗硕，多为杉木制，固定穿带的竹钉也是比较大个的方钉。比较宽的桌案，还会在穿带的垂直方向中间加设一根托带，从而形成 "丰"字形穿带来确保面板的稳定，不变形。（参见图例：细节工艺严谨—丁 1、2）

楔是一种一头宽厚，一头窄薄的三角形木片，将其打入榫卯之间，可使二者结合严密。（参见图例：细节工艺严谨—丁 3 ～ 丁 6）

木销，常用来固定牙板，明式榉木家具的木销十分精美牢固。（参见图例：细节工艺严谨—丁 7、8）

勾挂垫榫，除了用来固定霸王枨，也用来固定平头案的横枨。（参见图例：细节工艺严谨—丁 9）

明代工匠对于用户使用某一件家具时的视觉感受和触碰体验考虑入微，并给予恰当的处理，我称之为**细节体验设计**。实例如：榉木滚凳，工匠把滚凳的顶部四边棱角倒圆，然后把整个平面锼刮，打磨成微微凸起的弧面。（参见图例：细节工艺严谨—丁 10）

漆里工艺的制作流程是用漆灰填缝，然后上漆灰、背布或批麻，再上漆灰，最后再上色漆，工匠往往会在柜子内部、顶部，桌案面板底部，椅具座面板底部做漆里工艺，这对保持板材稳定，防止开裂起翘，驱虫都起到重要作用。（参见图例：细节工艺严谨—丁 11 ～ 丁 16）

家具上安装的**铜构件**，凡属早期家具实例，多用白铜、紫铜制成，如合页、面页、抱角、钮头、吊牌、环子之类，制作皆精细规矩，形式灵巧多样，与家具造型非常调和。至于铜构件的尺寸、比例、安装的部位都经过精心考虑，成为典雅又具实用功能的装饰物[1]。（参见图例：细节工艺严谨—丁 17 ～ 丁 20）

注释：

[1] 徐振鹏，明代家具 [J].《装饰》,1959(5)：7

（丁1）榉木扛箱式书橱橱门穿带

（丁2）榉木大酒桌丰字穿带

（丁3）榉木酒桌顶牙罗锅枨与腿足相交处的楔

（丁4）榉木长方凳霸王枨与腿足相交处的楔

（丁5）榉木小方桌霸王枨与方形木块相交处的楔

（丁6）榉木大小头橱腿足上管脚枨加固用的楔

（丁7）榉木榻固定牙板的木销

（丁8）榉木小方桌霸王枨方桌固定牙板的木销

（丁9）榉木小酒桌横枨下的勾挂垫榫

细节工艺严谨—勾抖垫榫

（丁 10—1）

细节工艺严谨—细节体验设计

榉木滚凳顶部为微凸的弧面

（丁 10—2）

（丁 10—3）

（丁 10—1、2、3）榉木滚凳顶部为微凸的弧面

（丁 11）榉木小书案面板的漆里

（丁 12）榉木方杆大小头橱橱门的漆里

（丁 13—1）

细节工艺严谨—漆里

（丁 13—1、2）榉木梗面香案面板的漆里

（丁 13—2）

（丁 13—1、2）榉木梗面香案面板的漆里

（丁14）榉木画案（榉、柏两种材质制）牙板的漆里

（丁15）榉木小方桌的漆里

（丁 16）榉木小平头案面板的漆里

细节工艺严谨—漆里

（丁17）榉木扛箱式书橱的正面拍子

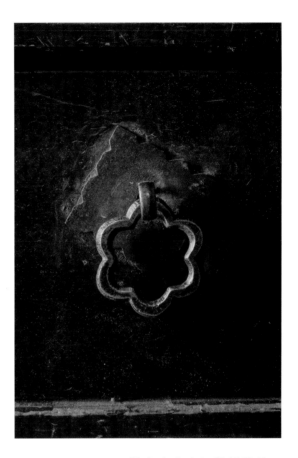

（丁 18）榉木大小头橱抽屉的吊环

（丁 19）榉木方杆大小头橱正面拍子

（丁20）榉木经柜正面拍子

明式榉木家具
断代刍议

结合两宋绘画和大量出土的古代石刻、壁画，可以知道大约在两宋时期，中国古代家具的造型式样都已基本确立，只是由于其为木质，不易长久保存，目前可以确信到宋代的南方家具实物很少。因此研究古代家具宜以明代作重点，特别是明代一直大行其道的大漆家具和明代中晚期出现并发展到历史最高水平的细木家具。

关于家具断代一直是个难题，由于我过去十年关注的重点也仅仅是明式榉木家具，并且研究工作的广度和深度相当有限，所以我只能从这一相对熟悉的范畴谈谈我对于家具断代的想法。

在家具断代上，每一位家具爱好者和行家都有自己的标准，这一标准往往取决于每一个人经眼、经手家具实例的广度、深度以及个人在家具断代上思考总结的质量。因此即使同一件家具，由于大家的经验标准不一，断代的结果也都不尽相同。经过长期摸索，并与行家、藏家反复探讨，我把行家相对能达成共识的明式榉木家具在造型、工艺上的特征做了一些整理归纳，以三类家具形制为例进行举例说明。

早期平头案：大边喷面；饼盘沿饱满；线脚工艺圆熟浑厚；牙板厚实；交圈弧线流畅；整体造型有收分；漆里工艺背布，麻布或麻丝，披厚灰；穿带用厚实的杉木制作，用方竹钉固定。

早期圆角柜：整体造型有收分；柜帽喷面；面板、侧山选料讲究，往往对剖；线脚工艺圆熟浑厚；牙头牙板多一木连作；漆里工艺背布，麻布或麻丝，披厚灰；铜构件用白铜，紫铜制成，造型简约大方。

早期桌子、床榻：高束腰，无束腰，或束腰与牙板一木连做；大边喷面；饼盘沿饱满；牙板与腿足起阳线、碗口线、皮条线或者不起线相交；腿足多为圆腿、内翻马蹄、花叶腿、抱球腿等等；又比如带罗锅枨的桌子，罗锅枨与腿足齐头碰相接。

当然，由于家具形制千变万化，对于以上这三类家具造型特征的罗列也并不完整，因此不可以拿这些标准生搬硬套，判断一件家具是否为早期家具，要从整体来看，脱离了整体信息看局部特征，较真都是不可取的。还需要进一步指出的是，最近十年时间，我经眼的南方出现在行圈的原始状态榉木家具，除极个别存放考究的情况以外，大部分榉木桌案的实例高度都在60~70公分左右；比较大型，不易搬动的家具比如衣柜、床具的腿足糟朽情况会略好；桌案的面板与大边相交处往往糟朽；椅具的牙板，角牙，藤席缺损也属普遍现象；整件家具木质风化严重，漆色斑驳，由于榫卯结构的松动，用手触碰的时候家具会摇晃，我称这些现象为明式榉木家具的岁月特征。因此我们需要明白一个基本事实：明式榉木家具实例大部分是沧桑的，不完美的，通常情况下品相俱佳的榉木家具应该是乾隆或者更晚一些时期生产的。换句话说，如果一件榉木家具同时具备了早期家具的整体气息、工艺特征和岁月特征这三方面特征，它才有可能就是一件明式榉木家具。

当然，家具断代必须是一件严谨的事。仅仅依靠个人经经验来断代是不准确的，也很难形成具有普遍指导意义的标准。我认为，现阶段我们能把家具断代这一工作持续深入下去切实可行的方法是：由古家具的行家、藏家共同建立一个基于互联网的关于家具断代的共享知识平台，互联网可以保证平台信息的开放、实时、共享。这个知识开放平台需要包含三部分内容：家具图像资料数据库、墓葬出土家具模型数据库和带纪年款家具数据库。大家把自己收集到的三方面数据库的信息在这个共享平台不断地添加，随着平台中家具种类和对应时间轴越来越完整，我们对于家具断代的准确性也将不断提高，这是一种方法论，是一个不断积累优化的过程，需要大家一起来努力。

图像资料的数据库主要包括有明确刊印时间的明清版画以及绘画中出现的家具图像；墓葬出土家具模型数据库，由于带明确纪年，并且家具模型较图像资料更为立体直观，我们借由这些模型可以了解当时的家具形制和部分工艺特征；带纪年款家具数据库，是家具断代最直接力证，我们通过观察一件纪年家具实例，可以了解在古代具体一个时间点，某一特定家具形制的造型特征、漆里特征、细节工艺等综合信息。简单地说，图像资料和出土家具模型告诉我们在古代具体每个时间节点分别出现了哪些家具形制，而纪年款家具则更直接的告诉我们在古代某一确定时间某一具体家具形制的综合信息。接下来我将分别举例说明，这三类家具数据库的建立、推导方法。

从苏州王文衡于明天启六年（1621 年）绘制的《明刻传奇图像十种》中，我选取了十二幅版画（参见图例：家具图像资料—戊 1 ～戊 12），依据版画中的家具图像信息，可以基本确定以下十三种家具形制在明天启年间已经出现。

高束腰鼓腿彭牙四足圆凳；

四面平马蹄足凉榻；

霸王枨马蹄足书桌；

攒靠背板灯挂椅；

喷面高束腰带斗拱插角方桌；

带插角马蹄足书桌；

素刀牙圆腿夹头榫平头案；

素朝板灯挂椅；

喷面高束腰壶门牙板马蹄足棋桌；

喷面高束腰马蹄足长方香几；

高束腰四足带拖泥圆香几；

素衣架；

四面平马蹄足书桌。

如果我们把图像资料数据库工作做到足够全面、细致，再加以整理归纳，我们就可以知道每一种家具形制大约在什么时候已经出现。

从上海潘允徵墓（潘葬于万历十七年，1589 年）出土明器（参见图例：墓葬出土家具模型—戊 13、14）可以确定以下家具形制在万历十七年已经存在，由于是实物模型，因此墓葬出土家具模型数据库比图像资料数据库更加可信。

高束腰马蹄足半桌或供桌；

高束腰马蹄足凉榻；

仅在墩子上植立柱，再用横材加以连结的素衣架，

毛巾架；

壶门牙板内翻马蹄加托泥火盆架；

大小头橱成对；

万字纹拔步床；

素刀牙圆腿夹头榫书案或平头案；

不设联帮棍素券口高背南官帽椅成对；

六足矮脸盆架；

配长方形铜拍子的衣箱成对。

我认为纪年款家具是家具断代的突破口，每一件带款家具的造型特征、漆里特征和细节工艺都向我们提供了家具断代中最确凿的信息。我经眼的明式榉木、柏木家具中带明确纪年款的家具就有十多件，我举其中六例，希望引发大家对纪年款家具研究的关注，并一起来建立这方面的数据库。（参见图例：纪年款家具—戊 15 ～ 戊 20）

（戊1）南柯记 　　　　　　　　　　　　　　（戊2）西厢记

（戊3）西厢记

（戊4）西厢记

（戊5）南柯记　　　　　　　　　　　　　　　　　　　（戊6）紫钗记

（戊7）紫钗记　　　　　　　　　　　　　　　　　　　　（戊8）紫钗记

（戊9）燕子笺　　　　　　　　　　　　　　　　　　（戊10）琵琶记

（戊11）红拂传　　　　　　　　　　　　　　　　　　（戊12）红拂传

（戊 13）家具模型 1

（戊 14）家具模型 2

柏木圆腿酒桌

尺　　寸：长 104.5× 宽 53× 高 73.5（单位：厘米）

年款信息：康熙二十五年孟春置，扶风昆立（即 1686 年）

落款位置：面板底部，红漆款

造型特征：夹头榫结构；面板二拼；冰盘三叠压线；腿足为鸭蛋圆造型；素刀牙，牙板平接

漆里特征：酒桌面板底部满背布，批黑灰

细节工艺：面芯板四面入槽；横枨造法为上下横枨皆暗榫，下面横枨加竹钉固定；三根穿带皆不出榫，并用方形竹钉固定在大边上。

（细图参见文后图例：纪年款家具—戊 15—1 ～戊 15—5）

（戊 15—1）

（戊 15—2）

（戊 15—3）

（戌15—4）

（戊 15—5）

柏木方腿酒桌

尺　　寸：长 108.5× 宽 52× 高 74（单位：厘米）

年款信息：万历壬午年三月？西宅置一样三张（即 1582 年）

落款位置：中间穿带底部，漆书后刷一层桐油

造型特征：夹头榫结构；面板三拼；冰盘两叠；腿足横枨方材起倭角线倒圆；牙板平接，起阳线

漆里特征：酒桌面板底部满背布，批黑灰

细节工艺：面板与大边结合不开槽入榫，而是在大边与面板结合位置同时都铲出斜坡，互相抵住

　　　　　固定，面板与抹头为开槽入榫固定；横枨造法为上下横枨皆暗榫，下面横枨加竹钉固定；

　　　　　三根穿带皆不出榫，并用方形竹钉固定在大边上。

（细图参见文后图例：纪年款家具—戊 16—1 ～戊 16—5）

（戊 16—1）

（戊16—2）

（戊16—3）

（戊 16—4）

榉木方杆大小头橱

尺　　寸：宽 83 × 深 46 × 高 140（单位：厘米）

年款信息：康熙四十八年岁在己丑孟夏日置（即 1709 年）

落款位置：柜门门框内侧，红漆款

造型特征：硬挤门造型，一门到底；柜帽喷面，柜帽、腿足、门框均起洼角线；柜内为三层无抽屉结构

漆里特征：柜内、柜顶、柜后背皆背布，批黑灰

细节工艺：①牙板造型，参见图例戊 17—7；

　　　　　②底枨为饼盘二叠压线造型，参见图例戊 17—8；

　　　　　③柜顶面板落膛起鼓，参见图例戊 17—9；

　　　　　④顶帽大边与抹头连接方式，参见图例戊 17—10；

　　　　　⑤牙板与牙头相交揣揣榫结构，参见图例戊 17—11；

　　　　　⑥柜帽穿带倒圆造型，参见图例戊 17—12。

（细图参见文后图例：纪年款家具—戊 17—1 ～戊 17—13）

（戊 17—1）

（戊 17—2）

（戊 17—3）

（戊 17—4）

（戊 17—5）

（戊17—6）

（戊 17—7）

（戊17—8）

（戌 17—9）

（戊 17—10）

（戊 17—11）

（戊 17—12）

（戌 17—13）

纪年款家具

榉木方角柜 （柜门遗失）

尺　　寸：宽 97 × 深 46 × 高 156（单位：厘米）

年款信息：康熙六十一年夏仲述古堂吴东轩置一样两口（即 1722 年）

落款位置：柜门门框内测，墨书款

造型特征：方角柜，有闷仓，柜内为三层带两个抽屉结构

漆里特征：柜顶，后背皆背布，批黑灰；柜内壁、层板皆背布，批红灰

细节工艺：柜顶板和层板的穿带倒圆作法，参见图例戊 18—5、戊 18—6；

　　　　　柜顶面板为落膛作法，参见图例戊 18—8；

　　　　　不单设牙板，在管脚枨两头铲出榫眼以卯接牙板，参见图例戊 18—9；

　　　　　管脚枨底部铲出弧线与牙板相连，参见图例戊 18—10。

（细图参见文后图例：纪年款家具—戊 18—1～戊 18—10）

（戊 18—1）

（戊 18—2）

（戊 18—3）

（戊 18—4）

（戊 18—5）

（戊 18—6）

（戊 18—7）

（戊 18—8）

（戌 18—9）

（戊 18—10）

榉木凤头牙板翘头案 （腿足糟朽）

尺　　寸：长 163.5× 宽 42× 高 50.5（单位：厘米）

年款信息：古林修齐堂，康熙己巳备（即 1689 年）

落款位置：面板底部正中，刻款

造型特征：夹头榫结构；梗面，四腿八挓

漆里特征：梗面面板底部为清作，无批灰

细节工艺：饼盘中央起两柱香，底部压洼线，参见图例戊 19—4；

　　　　　腿足为方腿起混面压边线，中央同样起两柱香，参见图例戊 19—4；

　　　　　翘头与抹头一木连做，翘头造型参见图例戊 19—5。

　　　　　凤头牙板与牙条一木连做，参见图例戊 19—6；

　　　　　横枨为方材，无任何线脚工艺，参见图例戊 19—7。

（细图参见文后图例：纪年款家具—戊 19—1 ～戊 19—8）

（戊 19—1）

（戊 19—2）

（戊 19—3）

（戌 19—4）

（戊 19—5）

（戊 19—6）

（戊 19—7）

（戊19—8）

纪年款家具

柏木方桌

尺　　寸：长 91 × 宽 91 × 高 88（单位：厘米）

年款信息：万历叁拾捌年汤行四誌（即 1610 年）

落款位置：穿带正中，刻款

造型特征：直枨刀牙板方桌，其中前后为单枨，两侧为双枨

漆里特征：桌面板底部背布批黑灰

细节工艺：直枨分单枨和双枨，两两相对，参见图例戊 20—1；

　　　　　饼盘三叠，参见图例戊 20—2；

　　　　　面芯板六拼，参见图例戊 20—4；

　　　　　三根穿带与两根托带垂直相交，妥帖地固定了方桌的面板，而这些带全都在大边上出榫，
　　　　　参见图例戊 20—5；

　　　　　腿足和直枨皆打洼起倭角线，参见图例戊 20—6、7；

　　　　　素刀牙，牙头与牙板四十五度相交，参见图例戊 20—8；

　　　　　单枨与双枨交错与腿足相交，其中单枨和双枨的第二根枨在腿足上出榫，参见图例戊 20—9；

（细图参见文后图例：纪年款家具—戊 20—1 ～戊 20—10）

纪年款家具

（戊 20—1）

（戊20—2）

（戌 20—3）

（戌 20—4）

（戊 20—5）

（戊 20—6）

（戊 20—7）

（戊 20—8）

（戊 20—9）

（戊 20—10）

下　卷

明式榉木家具的
审美情趣

　　榉木家具向来具备朴素之美，其纹理、色韵、质感俱佳。由于"椐木不足贵"，明式榉木家具，尤其是书房家具的造型少了几分硬木家具的豪奢，多了几分文雅恬淡，远远望去，就像一位儒生。苏州百年药店雷允上家传的一件万历年间制作的黄花梨画案上镌刻着"材美而坚，工朴而妍"的铭文，我认为用这八个字来概括明式榉木家具的审美情趣也十分贴切，接下来我会从纹理之美、皮壳之美、人文之美来论述明式榉木家具之美。

纹理之美

壹

由于明式榉木家具用材多为老龄黄榉、红榉大料，木材本身比较致密；木材采伐后，会在河流中浸泡数十年，使木料脱浆，然后再阴干数年，严谨的材料处理使榉木的木性稳定，木纹更加紧密、老辣；再加上当时的工匠在制作家具时选料讲究，遵循法度，因此我们今天看到的明式榉木家具实例往往纹理优美。（参见图例：己 1 ~ 己 29）

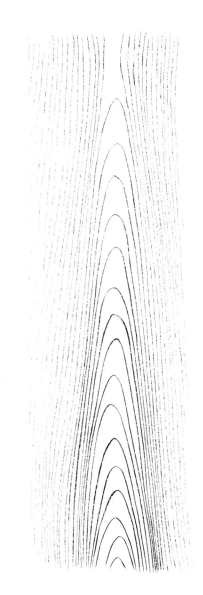

宝塔纹

鸡翅纹

山峦纹

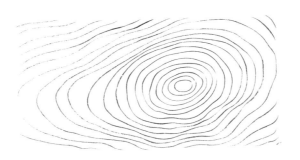

涟漪纹

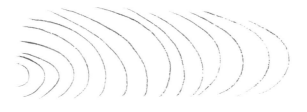

水波纹

行云流水纹

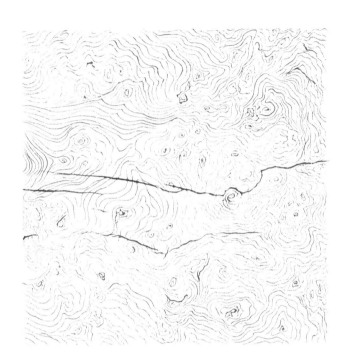

盘根错节纹

（己1）榉木香案面板

（己2）榉木方杆大小头橱橱门之一

（己3）榉木方杆大小头橱橱门之二

（己4）榉木大小头橱侧山

（己5）榉木灯挂椅朝板

（己6）榉木扛箱式书橱左侧门

（己7）榉木酒桌腿足

（己8）榉木春橙牙板

（己 9）榉木小平头案牙板

（己10）榉木小书案腿足

（己 11）榉木酒桌牙板

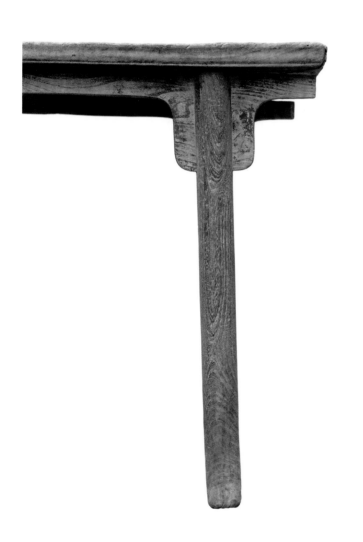

（己12）榉木小酒桌腿足 　　　　　　　　　　（己13）榉木南官帽椅朝板

（己14）榉木书案腿足　　　　　　　　　　　　　　（己15）榉木二人凳腿足

（己16）榉木香案面芯板

（己 17）榉木扛箱式书橱右侧门

（己 18）榉木长方凳凳面

（己 19）榉木香案面板

纹理之美—水波纹

（己 20）榉木翘头案面板

（己21）榉木小书案牙板

（己22）榉木小酒桌牙板

（己 23）榉木小翘头案面板

（己24）榉木门板之一

（己 25）榉木春凳大边

（己26）榉木书案腿足

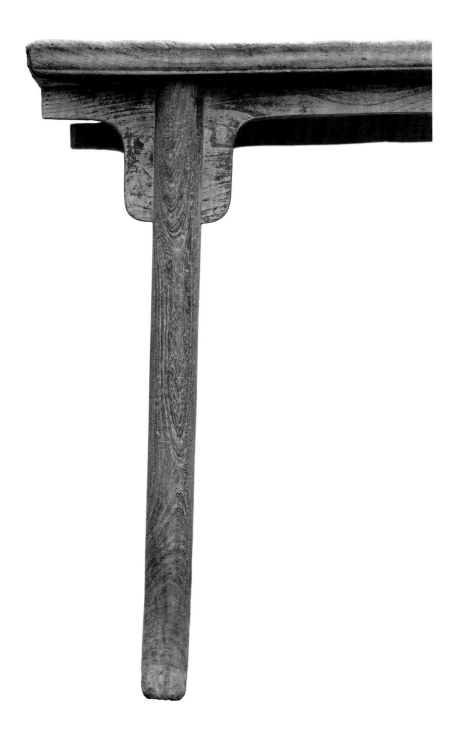

（己 27）榉木小酒桌牙板

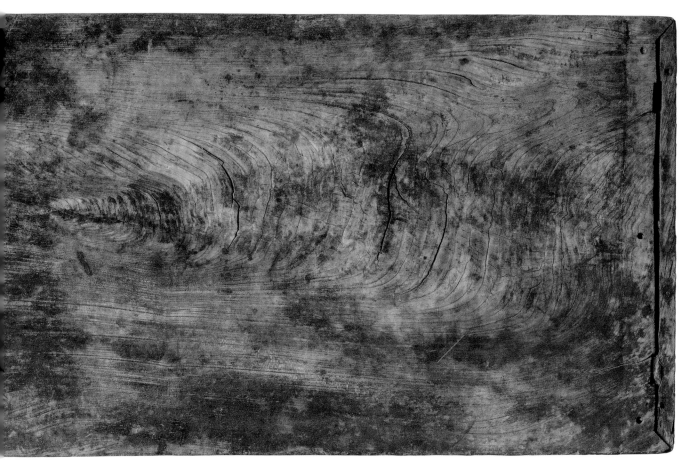

（己28）榉木翘头案面板（翘头遗失）

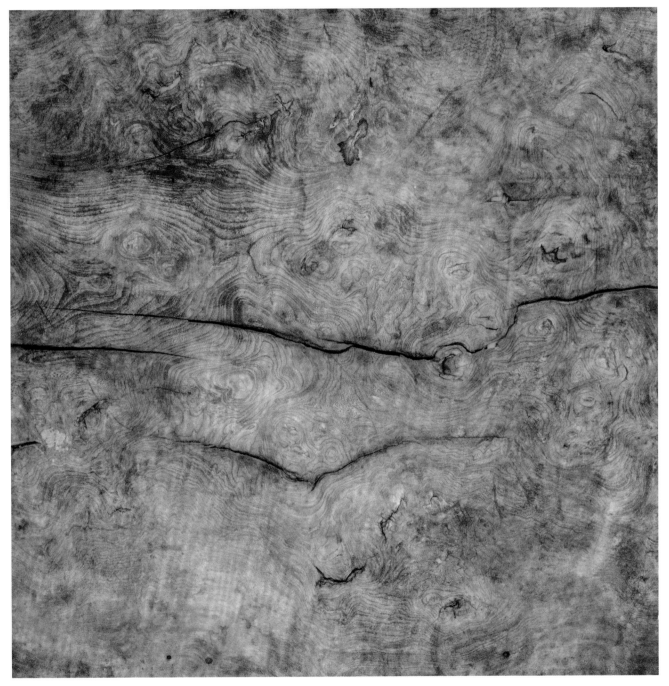

（己29）榉木方桌面芯板

贰 皮壳之美

明式榉木家具经历了四百年左右的岁月，由于主人的日常擦拭，坐卧凭靠留存下来的各类使用痕迹，连同材质风化、自然伸缩，榉木的纹理早已褪去了当年的锋芒，洗尽铅华，而愈加显得质朴、放松，这便是自然的造化。我以为就文人趣味而言，明式榉木家具材质质感和纹理带给我们的感受实不在黄花梨为代表的硬木家具之下。

明式榉木家具的皮壳，不看实物很难表达，而且不同人对于不同质感包浆的敏感度和辨识度又不尽相同，我仅以自己的实际感受，分享明式榉木家具的三种皮壳之美，供大家参考。

(1) 老辣。指榉木风化后色泽发赤，表面质感老辣纵横，触摸上去高低起伏的肌理。（参见图例：庚1～庚7）

(2) 苍茫。指风化后榉木木质冲淡，颜色发白，触摸上去光滑细腻的肌理。（参见图例：庚8～庚14）

(3) 醇厚。指的是带陈年漆色，榉木木质纹理若隐若现的肌理。（参见图例：庚15～庚20）

（庚 1）榉木翘头案面板

（庚 2）榉木素刀牙方凳腿足

（庚3）榉木四出头椅腿足

（庚4）榉木四出头椅脚踏

（庚 5—1）大边局部

皮壳之美—老辣

（庚5—2）榉木大酒桌大边

（庚5—2）大边局部

（庚5—1、2）榉木大酒桌大边

（庚6）榉木香案腿足

（庚7）榉木平头案腿足

（庚8）榉木画案面芯板

（庚9）榉木方杆打洼大小头橱腿足、底枨

（庚 10）榉木平头案局部

（庚 11）榉木小书案局部

（庚 12）榉木大酒桌局部

（庚 13）榉木小酒桌局部

（庚14）榉木平头案局部

皮壳之美—苍茫

（庚 15）榉木扛箱式书橱侧面

（庚16）榉木方杆打洼大小头橱侧山

（庚 17）榉木条桌局部

（庚18）榉木平头案局部

（庚 19）榉木经柜局部

（庚20）榉木方杆大小头橱橱门面板

㊂

人文之美

　　"榉"与"举"谐音，吴地百姓自古就有在院落前种植"榉树"的风俗，其中便包含了人们希望家中有人"中举"、"登仕"的美好愿望。榉木的纹理与质感与文人内敛、文雅的审美取向契合，自晚明以来深受文人阶层的喜爱。　文人有时还会舒展情怀，在家具上题写诗文，这又给这些家具增添了耐人寻味的人文价值。（参见图例：庚21～庚23）

（庚21）榉木方角柜后背

（庚 22）榉木圆角柜柜门之一

（庚23）榉木方角柜侧山

明式榉木家具赏析
兼谈美学

素刀牙春凳

此春凳为夹头榫案形结构，设计源自古代建筑大木梁构造；饼盘压边线，素刀牙，圆腿。

榉木家具赏析—优美

（辛1—1）

长　129厘米

宽　36厘米

高　41.5厘米

产地　苏州古城区

（辛 1—2）

（辛 1—3）

文椅

该椅大约为乾隆中期制品，用料考究，比例匀称、轻盈；背板四攒，后腿与搭脑相交处加设角牙（大部分已遗失），在同类靠背椅中属于做工考究且年份较早的实例。

（辛 2—1）

宽　46 厘米

深　35 厘米

高　95.5 厘米

产地　苏州古城区

（辛2—2）

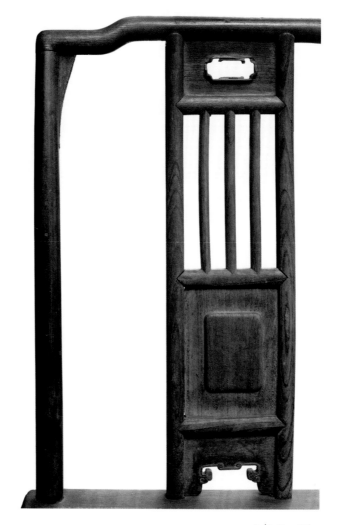

（辛 2—3）

（辛 2—4）

灯挂椅

　　该灯挂椅椅面为镶平面制，直搭脑，椅面下正面为券口牙板（已遗失），另外三面为素刀牙。整件灯挂椅唯一的装饰是朝板上的透雕如意云头，素面朝天，端庄雅致。

（辛3—1）

宽　51.5厘米

深　40.5厘米

高　100厘米

产地　苏州东山

（辛3—2）

（辛 3—3）

（辛 3—4）

矮座面南官帽椅（腿足糟朽，踏脚枨、赶枨遗失）

该椅座面较矮，素朝板，椅面下四面为素刀牙。

（辛4—1）

宽　53.8 厘米

深　42.8 厘米

高　82 厘米

产地　南通如皋

（辛 4—2）

（辛 4—3）

圈椅

　　明《三才图会》称之曰"圆椅"。此椅背板三攒，椅圈三接，椅盘下正面安装壶门牙板，两侧为素券口。此椅造型端庄，装饰典雅，不愧为明式榉木椅具的经典实例。

榉木家具赏析—优美

（辛 5—1）

宽　59 厘米

深　47.5 厘米

高　89 厘米

产地　常州武进

（辛5—2）

（辛 5—3）

四出头官帽椅

此椅为四出头官帽椅的基本式样。素朝板，鹅脖与前腿一木连做，椅盘下正面为素券口（已遗失），其他三面皆为素刀牙板。此椅并不因为造型简单而使人感觉单调，相反的是给人内敛典雅的感觉。这样的效果，是靠它简练的造型和协调的比例所取得的。

（辛6—1）

宽　53.5厘米

深　41.5厘米

高　104.5厘米

产地　上海松江

（辛6—2）

（辛6—3）

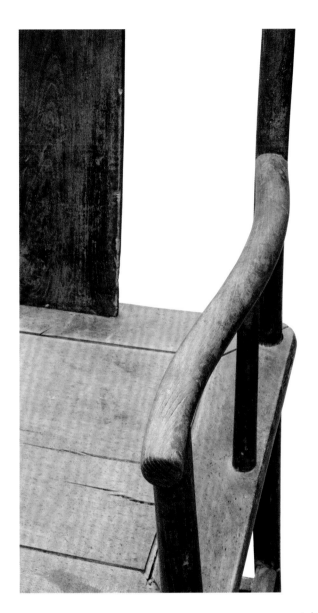

（辛6—4）

四出头椅

该椅的搭脑与扶手出头为鳝鱼头形制；鹅脖退后安装，不设联帮棍；素朝板，更显平素、优雅。

（辛 7—1）

宽　55.3 厘米

深　46.2 厘米

高　105.5 厘米

产地　无锡马山

（辛7—2）

（辛7—3）

（辛7—4）

香案 （腿足槽朽）

夹头榫结构，素刀牙，横枨位置比一般平头案靠下，简约素静。

榉木家具赏析—优美

（辛 8—1）

长　　77.8 厘米

宽　　38.8 厘米

高　　63 厘米

产地　嘉善西塘

（辛8—2）

（辛 8—3）

梗面香案（腿足糟朽）

此案为夹头榫结构，梗面，素刀牙，圆腿。貌似简单实则神奇，这符合明代文人的审美情趣，并可以由此管窥他们的哲学思想。

榉木家具赏析—优美

（辛9—1）

长　92.5厘米

宽　41.5厘米

高　60.5厘米

产地　上海松江

（辛9—2）

（辛 9—3）

香几（腿足糟朽）

高束腰，拱肩，霸王枨，马蹄足（腿足已糟朽）；牙板
与腿足交圈，起碗口线。

榉木家具赏析—优美

（辛 10—1）

长　66.8 厘米

宽　66.8 厘米

高　46 厘米

产地　上海松江

（辛 10—2）

（辛 10—3）

（辛10—4）

小书案（腿足糟朽）

此案为夹头榫结构，牙板牙头一木连做，面芯板为楠木独板。造型简素，质朴无华。

榉木家具赏析—优美

（辛 11—1）

长　　107 厘米

宽　　53 厘米

高　　68 厘米

产地　　江阴

（辛 11—2）

（辛 11—3）

小平头案

夹头榫结构，八字刀牙，比例修长，工艺严谨；该平头案由三种木材制成，大边、抹头和牙板为榉木制，面芯板为银杏木制，其余为柏木制。

榉木家具赏析—优美

（辛 12—1）

长　　106 厘米

宽　　38 厘米

高　　74.5 厘米

产地　苏州太仓

（辛12—2）

（辛12—3）

素刀牙大酒桌

牙头造型丰腴，与牙条一木连作，横枨之间加设层板（已遗失），可储物。

（辛 13—1）

长　　110 厘米

宽　　71.5 厘米

高　　72 厘米

产地　苏州东山

（辛 13—2）

（辛 13—3）

小翘头案

夹头榫结构，素刀牙，与牙条一木连作；面板为一块玉，一指翘头；腿足为鸭蛋圆形制。

榉木家具赏析—优美

（辛 14—1）

长　171 厘米

宽　37.5 厘米

高　76 厘米

产地　不详

（辛14—2）

（辛14—3）

（辛 14—4）

霸王枨长方凳

此凳为霸王枨结构，内翻马蹄兜转有力。依尺寸属小型机凳，然饼盘浑厚，腿足壮硕，加之牙板与腿足以饱满，充满张力的阳线交圈，使整件家具看上去丰满，浑厚。

榉木家具赏析—壮美

（辛15—1）

长　44.5厘米

宽　33.8厘米

高　43厘米

产地　苏州太仓

（辛 15—2）

（辛 15—3）

（辛 15—4）

（辛 15—5）

素刀牙二人凳

此二人凳为案形结构，尺寸较同类型家具阔绰，大边壮硕，饼盘为素混面，使厚重的大边视觉上丝毫不显笨重，也使整件家具显得利落，大方。

素刀牙起阳线，牙头为上下两段平接，这也是早期牙头的制作手法之一，牙板的弧线潇洒，律动而富有张力。

扁圆腿的腿足略带收分，在确保视觉上和实际使用中稳重、结实的同时，兼顾了观者在正面、侧面看到这件二人凳的时候，各构件与整体比例的匀称。

（辛 16—1）

长　138 厘米

宽　42.5 厘米

高　46.8 厘米

产地　常州武进

（辛 16—2）

（辛 16—3）

（辛 16—4）

（辛 16—5）

（辛 16—6）

凤头牙板二人凳

该二人凳大边壮硕，饼盘为素浑面压线；牙板厚实，牙头雕刻凤纹，线条简练，浑厚；腿足粗壮，带明显收分。

榉木家具赏析—壮美

（辛 17—1）

长　137.5 厘米

宽　43 厘米

高　44.2 厘米

产地　苏州古城区

（辛 17—2）

（辛 17—3）

（辛17—4）

滚凳 （遗失滚轴两根）

明代万历年间《鲁班经匠家镜》有记载：搭脚仔凳，长二尺二寸高五寸厚面起钗春线脚上飈竹圆，又名滚凳。

该滚凳尺寸硕大，饼盘喷面，直腿内翻马蹄足。

值得一提的是滚凳的顶面被工匠锼刻成"飈竹圆"，即我们今天常说的"竹片浑"，这样的设计充分考虑到了用户在使用时脚底的触碰感受，同时也使得滚凳给人整体的观感更加壮硕、阔绰。

（辛 18—1）

长　68.5厘米

宽　41.5厘米

高　19.5厘米

产地　常州戚墅堰

（辛 18—2）

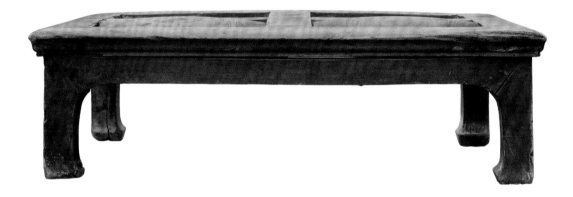

（辛 18—3）

（辛 18—4）

榉木家具赏析—壮美

霸王枨小方桌（腿足糟朽）

大边宽硕，饼盘向外伸出弧度大胆利落，腿足相应收进，突出了桌面喷面的效果，使这件小方桌具备了建筑物一般的雄伟气质。

四根霸王枨造型为三弯菱形，同样壮硕无比，使观者确信这一构件可以承托来自桌面的重量。霸王枨上端通过榫卯固定在桌面板下方中央的方形软木上，数百年来结构纹丝不动，足以证明其结构的合理性，这一沉稳厚实的霸王枨结构与常见的清代造型轻巧、结构松散、偏重装饰的霸王枨风格迥异。

牙板与腿足交圈，用减地法铲出饱满的皮条线，进一步彰显整件家具雄伟浑厚的气质。

榉木家具赏析—壮美

（辛19—1）

长　78 厘米

宽　78 厘米

高　65 厘米

产地　无锡荡口

（辛 19—2）

（辛 19—3）

（辛 19—4）

（辛 19—5）

（辛 19—6）

霸王枨方桌

该桌出苏州古城区，有束腰，牙板厚实，腿足浑厚壮硕；牙板与腿足以饱满的阳线相交，马蹄兜转有力，与苏州东山常见的霸王枨方桌风格迥异。

榉木家具赏析—壮美

（辛 20—1）

长　91.8 厘米

宽　91.8 厘米

高　80 厘米

产地　苏州古城区

（辛 20—2）

（辛 20—3）

（辛 20—4）

小书案（腿足糟朽）

　　该书案大边壮硕，牙头造型丰腴厚实，与牙条一木连作；腿足为扁圆腿，给人古朴，拙厚的感受。

（辛 21—1）

长　116 厘米

宽　60 厘米

高　55 厘米

产地　常州雪堰

（辛 21—2）

（辛21—3）

平头案 （腿足糟朽）

该平头案的素刀牙尤为厚重，弧线流畅浪漫，给人充裕，秾华的感受。

（辛22—1）

长　159 厘米

宽　44.2 厘米

高　65 厘米

产地　苏州甪直

（辛 22—2）

（辛 22—3）

（辛22—4）

宝剑腿大酒桌（腿足糟朽）

　　此酒桌尺寸硕大，长宽超出吴地常规大酒桌尺寸，为插肩榫宝剑腿造型，饼盘为二叠造型，简练而绝不平庸。

　　牙板不起线更显素雅，壶门造型秀丽停匀，无丝毫做作，与常见的同类型壶门牙板转承关系硬朗略显武相的风格迥异，显得愈加素静，文质彬彬。

　　水波纹造型的横枨是这件酒桌的点睛之笔，同样壮硕而不失端庄。工匠的高妙之处在于不急于塑形，而是放慢了线条的节奏，给人一种徐徐展开、缓缓收拢的感觉。如果从酒桌的侧面去看它，牙板的壶门线条和横枨的水波线条，在不同平面律动，并且参差错落，给人们带来一种空间上丰富而典雅的视觉感受。

榉木家具赏析—壮美

（辛23—1）

长　　115 厘米

宽　　81.5 厘米

高　　58 厘米

产地　无锡荡口

（辛 23—2）

（辛23—3）

（辛23—4）

（辛 23—5）

方杆大小头橱

此橱高大雄伟，橱帽喷面，上下带明显收分；包括橱帽，
腿足在内的所有框档均打洼，使得整件家具壮硕而不失文雅。

（辛 24—1）

宽　　115 厘米

深　　59 厘米

高　　204.5 厘米

产地　　苏州胥口

（辛24—2）

（辛 24—3）

（辛 24—4）

画案

该画案尺寸硕大，独面，腿足粗壮，为鸭蛋圆形制；牙头装饰灵芝纹，给人耳目一新的感受。

（辛 25—1）

长　210.5 厘米

宽　78.3 厘米

高　80.7 厘米

产地　苏州北桥

（辛 25—2）

（辛25—3）

（辛 25—4）

（辛 25—5）

大翘头案

夹头榫结构，一指翘头；素刀牙，牙板厚实；面板为一块玉，宽硕且厚重；腿足粗壮，方材浑面，与厚重的梗面呼应，使整个翘头案看上去尤为敦厚，质朴无华。

（辛 26—1）

长　255.5 厘米

宽　54 厘米

高　79.5 厘米

产地　不详

（辛 26—2）

（辛 26—3）

（辛26—4）

榻

造型简练，饼盘喷面，内翻马蹄兜转有力。

牙板与腿足以皮条线洼线交圈，使整件家具看上去浑厚、有张力。

牙板上打有规则的木销与大边连接，严丝合缝，让我们不得不感叹古代工匠手艺的高超。

榉木家具赏析—壮美

（辛 27—1）

长　201.5 厘米

宽　73.8 厘米

高　　41 厘米

产地　绍兴上虞

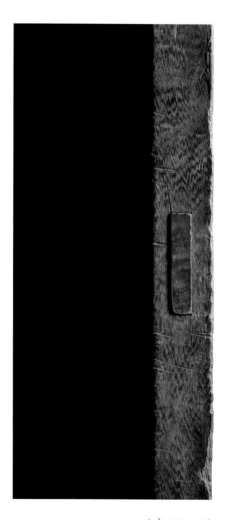

（辛 27—3）

（辛 27—4）

罗 汉 床

　　三面独板围子，床面大边浑厚，而工匠巧妙的施以打洼起角线的线脚工艺，使大边在视觉上取得了柔婉、轻盈的效果；马蹄足兜转有力，牙板和腿足以饱满的阳线相交。

榉木家具赏析—壮美

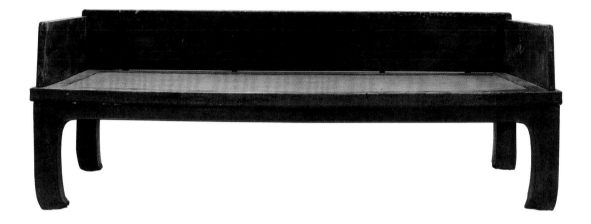

（辛28—1）

长　　200 厘米

宽　　90 厘米

高　　75 厘米

产地　苏州甪直

（辛28—2）

这二十八件明式榉木家具实例造型不一，审美格调也不尽相同，值得我们细细品味。王世襄先生在论及明式家具审美的时候，就曾提出"十六品与八病"，明式榉木家具的美也基本上可以用这一标准来概括，不过我还是想基于多年来对于明式榉木家具的收藏和反复揣摩，提出个人对于明式榉木家具（当然也完全适用于包括细木家具、大漆家具在内的其他早期家具）的两种审美格调——优美与壮美。

优美比较通俗易懂，也相对容易被人们接受。本文的前十四件榉木家具即属于"优美"的审美格调，具体说来就是造型端庄、比例匀称、装饰典雅、线条流畅。"优美"即大致包含王世襄提出的明式家具十六品中的"文绮、妍秀、柔婉、空灵、玲珑、典雅、清新"这七品。

然而壮美却相对难以被人们理解和接受，我以为其中重要的原因是我们大部分家具爱好者、行家基本上还是把家具这一门类单独进行收藏和研究的，对于同时代或更早期的中国古代建筑的关注和学习相对较少，现代人的居住空间与明代的居住空间在尺度规模上又相去甚远，我们习惯于从现实生活空间比如客厅、书房、茶室来要求或者衡量一件古代家具的尺寸和比例关系，这其实是有失偏颇的。在我看来，真正学习了解明式家具我们应多走访，实地感受现在遗留下来为数不多的明代建筑，因为家具尤其是早期家具与建筑同源，形式不一而义理相通啊。《文选·何晏＜景福殿赋＞》中记载："莫不以为不壮不丽，不足以一民而重威灵；不饰不美，不足以训后而示厥成"。中国的古代建筑历来就具备壮丽之美，而明式榉木家具中有一部分也同样具备了这样的美。

在我看来，"壮美"从审美格调上是高于"优美"的，本文的后十四件榉木家具即属于"壮美"的审美格调，具体说来就是造型充满张力、比例宽裕阔绰、构件壮硕饱满、线条浑厚奔放。"壮美"也大致等同于王世襄先生提出的明式家具十六品中的"简练、淳朴、厚拙、凝重、雄伟、圆浑、沉穆、秾华、劲挺"九品。

需要指出的是"壮美"不等于"笨重"，与家具的尺度也没有直接关系，比如大型的翘头案和柜子中，我就遇见过不少笨重或者单薄的实例；而小型家具比如案上几、脚踏也不乏有"壮美"的实例出现。留存到现在称得上"壮美"的明式榉木家具可谓凤毛麟角，在我看来，"壮美"是从家具的骨头里散发出来的大美。

明式榉木家具
收藏的感悟

1989 年王世襄《明式家具研究》大作出版，王世襄先生在书中提及榉木家具明式颇多，与黄花梨家具别无二致，历来受到玩家和研究学者的重视，王老本人也两次去苏州东山考察，认为东山是榉木家具的发源地，也是明式黄花梨家具的制造之乡。然而由于受当时空间和时间上的局限，王世襄对榉木家具的考察并不深入，在明式家具研究一书中收录的榉木家具在数量和质量上也不尽如人意。由于榉木材质较黄花梨更容易糟朽，因而原始状态的明式榉木家具包括残件能保存到现在的可谓少之又少，说其数量少于黄花梨家具也不为过。从 1985 年 9 月王世襄先生《明式家具珍赏》的发行到现在，三十多年的明式家具收藏热潮中，大量优秀的明式榉木家具和黄花梨等硬木家具一起涌现到市场，由于其品相普遍没有黄花梨家具来得完整，而且行家、藏家多少受到"唯材是论"的影响，对于黄花梨家具趋之若鹜，对于明式榉木家具的艺术价值、人文价值缺乏认识，往往简单地基于商业目的草率地进行修复，移花接木，植腿贴皮，打磨上蜡，以求善价，使得这些明式榉木家具变得面目全非，这是让我们今天的藏家遗憾而又无奈的既成事实。

2009 年黄定中先生在他的大作《留余斋藏明清家具》一书中第一次系统阐述了保护原皮壳家具（即原始状态家具）的重要性，时至今日得到圈内大部分行家和藏家的普遍认同，这对于现阶段发现并保护原始状态的明式榉木家具也同样起到了积极的指导意义。

我大概在 09 年开始收藏榉木家具，并在 2012 年左右开始关注明式榉木家具残件，一方面的原因就如我之前所说，明式榉木家具很难保存完整，总会有各种各样的缺损，所以在收藏过程中对于家具完整度的标准会不自觉地降低，甚至为了说服自己收藏榉木家具残件，我还把残件分为两类，即"体面的残件"和"不体面的残件"，当然，让我不断降低家具完整度标准的原因只有一个，即这件家具残件必须能够打动我，必须比已知同类型完整器更为出色，如果达到这个标准我就会果断收藏。

收藏这些原始状态、有残损的明式榉木家具另一个需要面对的问题是，"要不要修复这些家具"。我的观点是"不修复"，但前提是这件家具必须足够出色，试想一件榉木家具残件很美，又脱离了使用功能，只能陈列在特定空间供人们观赏，从这层意义上讲，它其实就是一件艺术品，是一件准雕塑。

最近，我了解到或近距离观察到家具收藏圈有朋友正在家具修复中进行有意义的尝试。有朋友正试图用大漆修复一件残损的榉木小画案的整张面板，还有朋友用有机玻璃制作出缺失的四出头椅的扶手、搭脑，然后和椅子其他留存的原始构件拼装出一件"完整"的椅具，值得庆幸的是，在这些修复方法的背后我看到了人们对于明式家具原始状态的尊重，所有这些修复尝试都是为了更好地展示一件件原始状态的明式家具，而不是像过去那样为了使用或为了更容易买卖而草率地去涂抹家具的原始信息。

现在很多藏家为了实用购买明式家具，我也颇为认同，尤其在书房、茶室中使用明式家具已成为风尚。我也在我的茶室中使用明式家具，但我却不建议为了在现代空间中实用，而去修复任何一件明式榉木家具，道理很简单，因为原始状态的明式榉木家具实例太不易得了，而在现代空间能够实用的一般意义上的古典家具还有很多选择。

我在一开始收藏明式榉木家具时就留意每件家具的产地信息，并建立档案。有不少家具我在买到数年以后还积极地和不同行家核实，确认我最初得到的关于这件家具产地信息的准确性，用家具圈的行话说，即一件家具是"铲子"从哪里铲到的。在我看来每件家具都有自己的故事，产地信息就是一件家具可以被追溯的重要身份信息。

历史沿革，户家变迁，家具跟随主人迁徙；户家延揽外地工匠至家中打制家具；商家沿运河水路售卖家具等诸多可能性，我们都无从知晓，今天从一个地区采集到的家具未必就是古代在这一地区生产的。不过如果我们细心留意不同地区采集到家具的特征并对每件家具建立产地信息档案，当这个数据量累积到相当规模时，我们就会发现虽然同属明式榉木家具范畴，不同地域的家具还是会呈现出在制作工艺、款式风格等方面鲜明的个性特征。以制作工艺举例，不同区域的明式榉木家具从榉木选材、材料处理、漆里工艺到榫卯结构、细节处理手法都呈现出一定规律性的差异，即区域特色。

以酒桌的穿带造法为例，苏州地区通常为三根穿带皆闷榫或者两侧两根透榫，中间一根闷榫；南通地区通常三根穿带皆透榫；南通地区圆角柜侧山帽顶下方往往加设辅枨加固；苏州地区圆角柜基本没有这一构造；苏州地区桌案，橱柜的漆里较多为背布批灰；南通地区同类型家具中有不少为背麻丝批灰，等等。

关于不同区域的家具款式风格、制造手法的考察和整理也是很有意义的研究领域，只是目前本人在这方面的家具实例、资料收集尚属初级阶段，希望未来有机会和家具圈的同道在这方面多做一些工作。

萤窗素影——明式榉木家具重回故园特展

簟窗素影

朱足田弘题

帘窗素影

駕滔書於杭州

对于明代江南的一次深情回望

附录一

特展中十二件榉木家具产地信息

团龙纹翘头案	扬州
素刀牙小书案	江阴
圈椅	常州
霸王枨长方凳	太仓
素刀牙二人凳	常州
霸王枨小方桌	无锡荡口
春橙	苏州甪直
宝剑腿大酒桌	无锡荡口
顶牙罗锅枨酒桌	松江
素刀牙大酒桌	苏州东山
刀牙长方凳	苏州东山
刀牙小香案	嘉善西塘

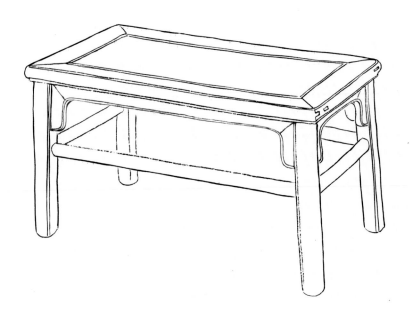

附录二

特展中四件家具修复情况图示

后记 — postscript

我童年的很多闲暇时光是在老家沈荡度过的，沈荡是一个普通的江南古镇，这里的人说的是吴地方言，小时候常听祖辈说起他们儿时商户会把满载家具和其他生活用品的船只停靠在运河沿岸城镇售卖，其中就有从苏州运来的榉木家具，在祖辈的心目中，榉木家具是很贵重的家当。

及至而立之年，我开始对明式家具产生兴趣，十多年专注收藏榉木家具，可谓一往情深。

榉木家具为明式家具重要组成部分，在苏作家具中占有重要地位，而一直以来并没有专门介绍榉木家具的著作。去年九月有幸结识文人空间团队，他们向我约稿撰文介绍明式家具收藏心得，并全程参与了"萤窗素影"展览的摄影工作。在合作期间萌生写一本书来介绍榉木家具的想法，希望抛砖引玉，让更多的人来关注、研究榉木家具。

需要指出的是，本书选取的家具大都为原皮壳、原始状态；照片是在自然光下拍摄的，并以大图呈现家具细节，这是我和摄影师一贯坚持的，希望人们能够借由这些照片对明式榉木家具有更直观、亲切的感受。

感谢周纪文、许颉、秦一峰、陆林、华凯、李斌、唐凤雷、陈亦峰、赵延提供家具实例；感谢徐利峰用"白描"技法为本书勾画插图；特别感谢文人空间团队为这本书的所有付出。

图书在版编目（CIP）数据

明式榉木家具 / 周峻巍著. -- 杭州：浙江人民美
术出版社, 2018.5（2018.6重印）
　　ISBN 978-7-5340-6665-8

　　Ⅰ.①明… Ⅱ.①周… Ⅲ.①木家具—中国—明代—
图集 Ⅳ.①TS666.204.8-64

　　中国版本图书馆CIP数据核字(2018)第059566号

策　　　划：李建军
总　　　编：张　杰
艺术总监：李牧之
版式设计：杨　妍
摄　　　影：杨杰涵

责任编辑：杨　晶
文字编辑：张金辉
美术编辑：傅笛扬
责任印制：陈柏荣

明式榉木家具

周峻巍　著

出版发行：浙江人民美术出版社
地　　　址：杭州市体育场路347号
网　　　址：http：//mss.zjcb.com
经　　　销：全国各地新华书店
制　　　版：上海归谷文化传媒有限公司
印　　　刷：浙江影天印业有限公司
版　　　次：2018年5月第1版　2018年5月第1次印刷
　　　　　　2018年5月第1版　2018年6月第2次印刷
开　　　本：965mm×1270mm　1/16
印　　　张：37.25
书　　　号：ISBN 978-7-5340-6665-8
定　　　价：680.00元

如发现印刷装订质量问题，影响阅读，请与承印厂联系调换。